科学能救命

跟着蝙蝠洞穴逃生

[英]费利西娅·劳 [英]格里·贝利著 [英]莱顿·诺伊斯绘 苏京春译

中信出版集团 | 北京

图书在版编目（CIP）数据

跟着蝙蝠洞穴逃生 /（英）费利西娅·劳,（英）格
里·贝利著；（英）莱顿·诺伊斯绘；苏京春译 . -- 北
京：中信出版社，2022.4
（科学能救命）
书名原文：Lost in the Cave
ISBN 978-7-5217-4132-2

Ⅰ.①跟… Ⅱ.①费…②格…③莱…④苏… Ⅲ.
①溶洞－探险－少儿读物 Ⅳ.① P931.5-49

中国版本图书馆CIP数据核字（2022）第044658号

跟着蝙蝠洞穴逃生
（科学能救命）

著　　者：［英］费利西娅·劳　［英］格里·贝利
绘　　者：［英］莱顿·诺伊斯
译　　者：苏京春
审　　订：魏博雯
出版发行：中信出版集团股份有限公司
　　　　　（北京市朝阳区惠新东街甲 4 号富盛大厦 2 座　邮编　100029）
承　印　者：北京联兴盛业印刷股份有限公司

开　　本：889mm×1194mm　1/20　　印　张：1.6　　字　数：34千字
版　　次：2022 年 4 月第 1 版　　印　次：2022 年 4 月第 1 次印刷
京权图字：01-2022-0637
书　　号：ISBN 978-7-5217-4132-2
定　　价：158.00 元（全 10 册）

出　　品：中信儿童书店
图书策划：红披风
策划编辑：黄夷白
责任编辑：李银慧
营销编辑：张旖旎　易晓倩　李鑫橦
装帧设计：李晓红

目 录

乔和碧博士的故事

你们好！我的名字叫乔。我和碧博士刚刚从一次非常可怕的探险中归来！它发生在我们勘探一个洞穴的时候，这个洞穴在一座山脉的最深处。

我们要到那座洞穴中勘探，是因为听说那里面有珍稀生物。我们必须深入洞穴中才能找到它们，因为这些生物大多从未离开过这片黑暗之境。

此行，我们不仅发现了要找的生物，还发现了更多自己从未见过的生物。

正因如此，我们因这些意外的发现非常兴奋，以至于都忘记了自己正身处于一个十分危险的地方。

现在，我就来告诉你们到底发生了什么……

起初，碧博士告诉我，她想去附近的洞穴里考察生物。这些生物并不容易被发现，因为它们都非常小。所以，她问我是否愿意跟她一同前往，顺道也帮帮她。

我虽然从未有过洞穴勘探经历，但出于好奇，还是非常愿意和她一起前往的。

什么是洞穴

洞穴可以是一个天然形成的坑洞或者地下凹陷区域。通常，洞穴是由水侵蚀岩石、土壤或冰层而形成的。石灰岩之中形成的洞穴往往都非常巨大。

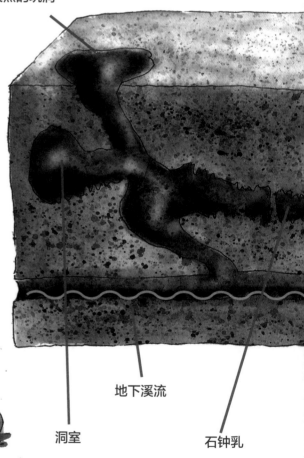

天然的坑洞

地下溪流

洞室

石钟乳

洞穴通常由叫作洞室的开放区域组成，它们之间则由叫作洞穴通道的狭窄区域来连接。

洞穴的入口一般就是岩石之中自然形成的洞口

他们是在哪里发现这个洞穴的

地球上绝大多数洞穴都源自数千年来地质岩层发育而形成的天然地下凹陷，又经过岩石裂缝中水的侵蚀而形成中空的区域，最终形成了洞穴。

同时，洞穴也可能会沿着海岸线形成。在那里，海浪的冲刷也具有侵蚀作用。如果岩石是岬角的一部分，那么洞口还有可能会连接起来形成拱门。

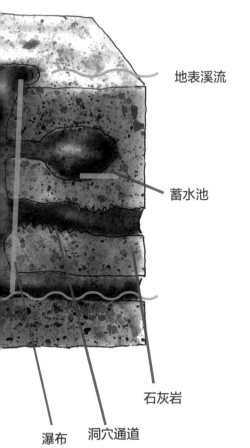

地表溪流

蓄水池

石灰岩

瀑布　洞穴通道

洞穴的入口可能是由海水不断侵蚀而形成的

碧博士告诉过我，我们可以看到一些十分罕见又美丽的岩石。世界上一些神奇的洞穴几乎都是最近才被发现的。还有很多洞穴都已经被人工改造过，游客可以安全地进入其中，欣赏美景。

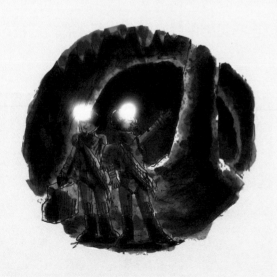

芬格尔山洞位于苏格兰的斯塔法岛上，洞内有许多六边形的玄武岩柱

美国肯塔基州的猛犸洞是世界上最长的洞穴——超过615千米

中国广西桂林市著名的溶洞芦笛岩用彩灯照亮，以显示不同的岩石

马来西亚加里曼丹岛的姆鲁山洞群的沙捞越洞穴拥有非常长的洞穴通道，长达 600 米，高达 78 米。

智利的大理石洞穴

碧博士提前告诉我，洞穴内十分潮湿。水会从洞穴顶部的裂缝中渗透出来，不停地滴落下来。

这些水也会不断地侵蚀岩石，打造出令人惊叹的各种形状。

石灰岩

许多大型洞穴都是在石灰岩地区被发现的。

石灰岩的重要成分是碳酸钙。像石灰岩这类岩石，比较容易被风和水侵蚀，最终变得奇形怪状。酸性的水会侵蚀石灰岩，从而形成洞穴。水通常是中性的，之所以显酸性，是因为这些水从土壤中腐烂的植物那里溶解了一种气体——二氧化碳，所以变成了弱酸性。

喀斯特地貌

喀斯特地貌是一种奇特的地质景观，它布满了裂缝和沟壑。喀斯特地貌具有非常发达的地下排水系统，这些水蚀穿岩石，从而形成自己的通道。

石林

石林位于中国南部。石林，顾名思义，就是一片像树林一样的石头。你可以很容易地辨认出石林，因为这些高高的岩石排列在一起，看上去就像一片树林一样。

云南地区的石林形成于大约 2.7 亿年前。

中国的石林

该向深处进发了。碧博士想要考察的生物都生活在洞穴内最黑暗、最凉爽的地方。为了到达那里，我们不得不在一条像裂缝一样的通道中向深处进发。

我们必须把自己牢牢地拴在一块岩石上，还得穿带有钉子的鞋子，这种鞋子可以防滑。我们希望在这个陌生的环境中尽可能地保证自己的安全。

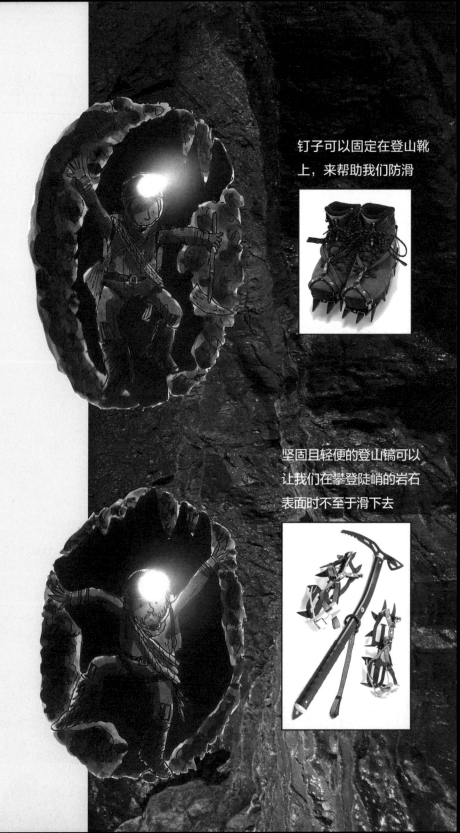

钉子可以固定在登山靴上，来帮助我们防滑

坚固且轻便的登山镐可以让我们在攀登陡峭的岩石表面时不至于滑下去

8

向深处进发

探索洞穴固然令人兴奋，但同时也可能会置人于危险之中。所以，洞穴探险者必须装备精良，以应对任何可能会发生的危险。

洞穴探险者一般都会戴一顶带灯的头盔。头盔上有灯照明，洞穴探险者的双臂就可以解放出来做更多的事了，比如帮助自己向洞穴深处下降。

为了预防头盔上的灯坏掉这样的突发状况，洞穴探险者通常会随身携带两盏灯。

聚酯或尼龙等合成纤维制成的绳索往往是比较结实的。绳索穿过滑轮，带着洞穴探索者缓慢、安全地下降。

我们很快就穿过了那条裂缝，接着便发现自己已经置身于一个比刚才进入的顶部空间还要大的空间里面。

碧博士取出她的测量工具，开始对洞穴中所有的空间和通道进行精确的测量。最后，她可以根据自己的勘测结果绘制出一张洞穴地图。

为洞穴绘制地图

记录所有的数据以供日后分析所用。对洞穴进行勘测，并在地图上记录所有的主要特征和地层。这种研究制作地图的学科称为制图学。

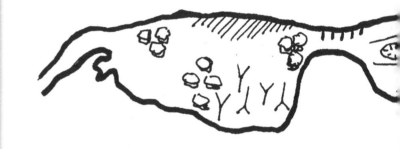

洞穴的每一个洞室都可以使用现代测量仪器（包括激光传感器）进行测量。激光类设备的测量可以精确到毫米。

以下这些符号代表着科学家发现的各种东西：

巨石		水池	
石钟乳		狭窄通道	
石笋		堆积物	
石柱		柱状晶体	
岩架		砂砾	

由于洞穴中无光线照明或仅有少量的人工照明，我们需要使用特殊的照相机来拍摄。我们可以选用光圈大的镜头，并使用较慢的快门速度，以捕捉尽可能多的光线。

我感觉落在头盔上的水滴越来越重，而且我很快便明白这是怎么回事了。当碧博士把灯光照向洞穴的顶部时，我看到了一个十分美妙的景象——石钟乳和石笋簇拥在一起，就像冰柱一样。

溶洞景观

当含有溶解了石灰岩物质的水，从洞穴的顶部滴落到洞底时，这种液体会在滴落的过程中释放二氧化碳，产生硬化的矿物碳酸钙。
它们不断地滴落，并最终聚集在洞穴的底部，日积月累，便形成了一根根长长的柱状物

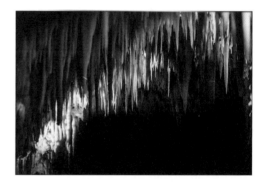

如果这些柱状物是在洞穴的顶部自上而下形成的，我们称之为"石钟乳"；如果这些柱状物是在地面自下而上形成的，我们则叫它们"石笋"

13

碧博士鼓励我在洞穴的内壁画一张示意图。她想通过这种方法让我明白，这些石钟乳和石笋的形成是多么地缓慢，并且富有戏剧性。也许，我的示意图会一直留在这里，会被后来者看到——让他们充满好奇！

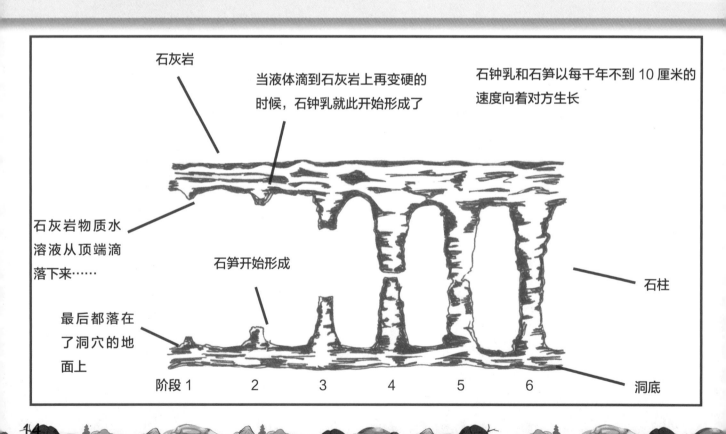

石灰岩

当液体滴到石灰岩上再变硬的时候，石钟乳就此开始形成了

石钟乳和石笋以每千年不到 10 厘米的速度向着对方生长

石灰岩物质水溶液从顶端滴落下来……

石笋开始形成

石柱

最后都落在了洞穴的地面上

洞底

阶段 1　　2　　3　　4　　5　　6

石柱：当自上而下生长的石钟乳，与自下而上生长的石笋相遇的时候，它们两者就会衔接成为一体，形成石柱。洞穴中的一根根石柱看上去有点像是它们在支撑着整个洞穴，但实际上并非如此。

更多溶洞景观

洞穴中产生的堆积物通常被称为洞穴堆积物或者滴水石。除了我们刚才提到的石钟乳和石笋，其实还有许许多多不同种类的洞穴堆积物。

流石：流石是由一个个方解石组成的，而方解石是一种以薄片形状沉积而成的岩石。当水从洞穴内壁或者洞穴顶部不断地流下来的时候，流石就形成了。

石幔[1]：石幔看起来有点像岩石做成的窗帘。它们是由富含碳酸氢钙的水沿着洞穴顶部流淌而产生的。当水中的二氧化碳挥发后，碳酸钙就会沉积下来，留下一层层很薄的痕迹，从而形成波浪状的石幔。

管状钟乳石：一块钟乳石在形成之初，会呈现出管状钟乳石的模样。管状钟乳石通常很长，呈管状，有许多向下的尖儿。当洞穴顶部的水滴周围形成方解石时，管状钟乳石也会随之形成。因为管状钟乳石就像是一个个成型的管子。水会沿着管子继续流下去，直到逐渐形成合适的钟乳石，那么水也便无处可流了。

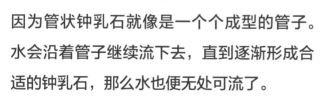

1 译者注：石幔为自上而下的流水沉积，沉积为层状、波状或者褶状，形如布幔，又称为石帘、石帷幕。石幔的颜色较为复杂，流水中的矿物成分以及混入的一些杂质会使石幔形成不同的颜色，有黄色、褐色等。

突然，有动物飞掠过我的脑袋。那是一只蝙蝠，碧博士提醒我把灯照向洞穴的顶部。

但是蝙蝠还是很难被发现。生活在洞穴中的动物被称为穴居动物。碧博士告诉我，世界各地的洞穴中生活着大约 50 000 种不同的穴居动物，它们中的一些可能永远都不会被我们发现。

这么说来，真正的穴居动物应该从不冒险走出洞穴。因为它们几乎都是眼盲的，或者几乎是失明的，而且身体也完全没有颜色。

洞穴中的生物

许多种类的动物都会以洞穴为家，包括蝙蝠、鸟类，以及可以在没有光线的情况下生存的小动物。

一些动物被称为"入洞生物"，它们必须走出洞穴才能觅食。

还有一些小型的水栖生物和昆虫则被称为"真洞生物"，它们已经适应了洞穴环境，可以在洞穴中生活一辈子。

一群蝙蝠

伪蝎

墨西哥脂鲤根本没有
眼睛，也没有颜色

一只蝙蝠

蝙蝠生活在世界各地的洞穴里。有些蝙蝠就在洞穴中度过它的一生，而另一些蝙蝠则只是为了在洞穴之中冬眠，从而可以顺利产下幼崽。黄昏时分，它们成群结队地离开洞穴，去寻找昆虫等食物。虽然蝙蝠的眼睛并不是看不见，但是蝙蝠还是会利用回声定位来寻找昆虫等猎物。它们会发出一种超声波，在洞穴的内壁与狩猎目标之间反弹，从而帮助它们实现定位

部分蝾螈会生活在潮湿的洞穴里。它们之中，一些可能没长眼睛，而另一些根本没有颜色

洞穴蟋蟀

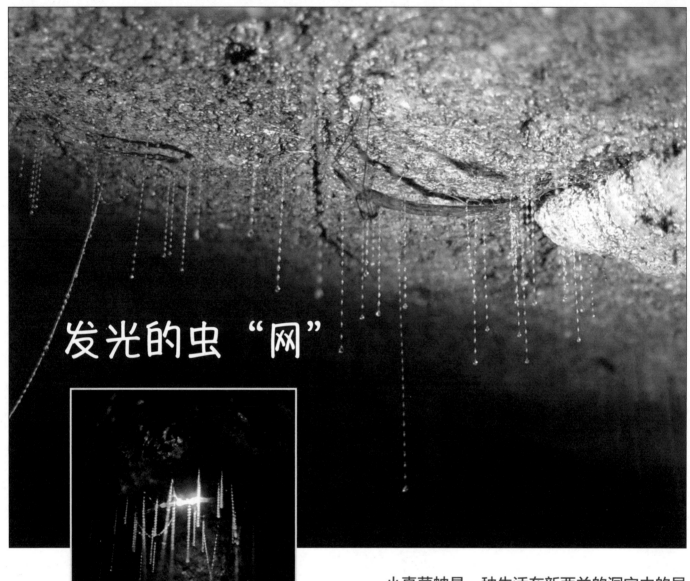

发光的虫"网"

小真菌蚋以及它们的幼虫在洞穴顶部垂丝筑巢

小真菌蚋是一种生活在新西兰的洞穴中的昆虫。它在蛆虫或者说幼虫阶段，可以释放出长长的丝质唾液或黏液。这些丝垂挂下来，就形成了像串珠一样的"网"。这些"网"可以发出荧光来吸引猎物——其他飞虫。

如你所见，我们的确看到
了一些非常壮观的景象。然
而，在我们离开之前，碧博士
还想再给我看一个东西。洞穴
往往像迷宫一样四通八达。事
实证明，我们所在的这个洞穴
也不例外。

我们小心地从洞穴里的一个洞室移动
到了另一个洞室，从一条狭窄的通道移动
到了另一条狭窄的通道——碧博士很仔细
地记录下我们的每一次移动轨迹。

最后，我们爬进了一个洞室——碧博
士想让我看的东西就在那里！

洞穴壁画

世界各地都曾经发现过洞穴壁画，其中有些早在 35 000 年前就已经画出来了。

大多数洞穴壁画都是吹上去的。艺术家会用一根木制的管子把粉末状的颜料吹到洞穴内壁上去。

大角鹿是一种体形庞大的鹿，它的活动范围主要在欧洲，向东可以一直到达西伯利亚。它是有史以来体形最大的鹿，它巨大的鹿角的跨度能达到近 4 米。

披毛犀，或被称为长毛犀牛，它的鼻子上有两个巨大的角——前面的一个角甚至长达 1 米左右。它蓬松的皮毛能够帮助它应对冰河时期严酷的气候。

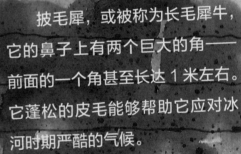

这只巨大的洞穴熊有近 2 米高，它在上一个冰河期一直生活在欧洲。冬天时，它可能会进入洞穴冬眠，以躲避严寒。

这头长毛猛犸象有着黑色的长毛和一层更细的绒毛。这些毛发与它的脂肪层一起，都能够帮助它保暖。它的头后面有一块隆起，里面贮藏着脂肪，可以在冬天为它提供营养。

似剑齿虎，一种弯刀齿猫科动物，它的犬齿向后弯曲，就像一把弯刀。它的前腿比后腿长。

黑暗中传来了水流的咆哮声，我们意识到，可能遇到危险了。

我们径直穿过洞穴，来到了靠近海岸的入口处，这就是前来参观洞穴壁画的游客经常使用的入口。但是，船已经驶向大海，因为很快就要涨潮了！

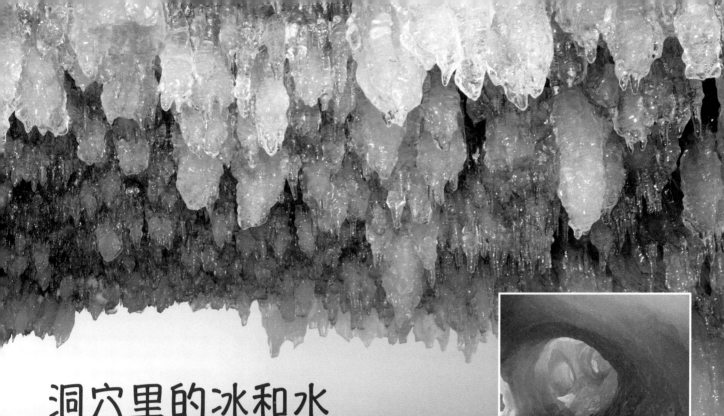

洞穴里的冰和水

　　洞穴除了在石灰岩中形成以外，也可以在冰川中形成。这一般发生在冰川的尖部。当冰川开始融化时，融水会流向其尖部，滴落的水会形成洞穴通道。

　　普通的石灰岩洞穴中也可能会形成冰。如果天气足够冷，流入洞穴的水将形成针状冰柱。冰柱呈现的外观形态在不同的洞室中可能也不一样。冰堆积物与石灰岩堆积物一样，都被称为洞穴堆积物。

在冰原上形成的洞穴通常被称为冰川洞穴

如果天气足够冷，普通的石灰岩洞穴中会形成针状冰柱

碧博士知道我们已经陷入了危险之中！洞穴可能会突然被灌满水，导致洞穴中的探险者与外部隔绝。所以我们必须赶在涨潮之前出去，这也意味着我们要找到一条能够快速离开洞穴的出路。

幸运的是，蝙蝠也有同样的想法。它们通过回声定位感知方向的惊人能力，帮助我们从它们发现的洞口逃了出去，而这个洞口我们之前没有发现。现在，它们像一片巨大的云一样飞出，离开了洞穴，到夜空中去捕食昆虫。我们也紧紧地跟在它们的后面。

洞穴科学

探索洞穴的科学被称为洞穴学，探索洞穴的科学家则称为洞穴学家。洞穴对科学家来说是一个非常有趣的地方，因为那里蕴藏着各种各样的地质资源。

石灰岩中经常含有耀眼的晶体。这些不寻常的矿物是由坚硬的岩石形成的，这些岩石曾经熔化，或者是液态的，但后来又重新冷却了，并最终硬化。冷却前作为液体的那一部分，它的分子以一种有规则的重复结构结合在了一起，从而形成晶莹而闪亮的晶体。

晶体挂在洞穴的顶部

洞穴学是研究洞穴的科学

石灰岩中也能发现史前植物和动物的化石，它就是一个微缩的生态系统，有些古老而稀有的动物物种化石，也许只有在洞穴中才能够被找到。

洞穴学涉及许多不同的学科，包括化学、生物学、地质学、物理学、气象学和制图学。从洞穴学家绘制的洞穴地图中，我们就可以看出洞穴学是多么复杂，又是多么有趣。

那天晚上，我和碧博士坐在海滩上，在用漂流木生成的火堆旁喝着暖暖的饮料，畅谈这一天的探险之旅。

碧博士在洞穴中发现了一些稀有的生物，而我也在洞穴中看到了许多难以想象的奇观。

词汇表

酸
一类化合物，或溶于水形成酸性溶液。许多酸能溶解金属。

玄武岩
一种由火山熔岩形成的岩石。多是黑色的，看起来像是由非常细小的矿物组成的。

方解石
一种白色或无色的矿物，主要由碳酸钙组成。

碳酸钙
一种无机化合物。它是岩石的主要组成部分，如石灰岩。

二氧化碳
一种无色无味的气体。它能溶于水。动物呼吸和化石燃料燃烧会释放二氧化碳。

制图学
常应用于绘制地图的过程中。如制图员用符号、等高线和阴影在地图上标出陆地或海洋的特征等。

洞室
地下洞穴或洞穴中大的空间。

回声定位
使用回声查找隐藏对象的一种方法。声波从物体上反弹回来，作为回声，帮助显示物体的位置。

生态系统
一群动物和植物在同一环境中共同生长和生活而构成的统一整体。

侵蚀
侵蚀是岩石或土壤的磨损。它是由水力、风力或冰川的作用而引起的。

化石
化石是指地壳中保存的属于古地质年代的植物或动物的遗骸、遗物或遗迹。

岬角
伸入大海的一块夹角状的陆地。岬角的尽头往往是陡峭的悬崖，悬崖向大海倾斜。

冬眠
冬季某些动物或植物生命活动处于极度降低的状态。

幼虫
昆虫的幼体。毛毛虫是蝴蝶的幼虫。

石灰岩
石灰岩是一种岩石，由一层层沉积物形成，随着时间的推移，这些沉积物被压成坚硬的岩石。

颜料
一种有色粉末。粉末与液体混合可制成颜料。

猎物
被另一只动物猎杀后作为食物的动物。

《每个生命都重要：身边的野生动物》

走遍全球 14 座大都市，了解近在身边的 100 余种野生动物。

《世界上各种各样的房子》

一本书让孩子了解世界建筑史！纵跨 6 000 年，横涉 40 国，介绍各地地理环境、建筑审美、房屋构建知识，培养设计思维。

《怎样建一座大楼》

20 张详细步骤图，让孩子了解我们身边的建筑学知识。

《像大科学家一样做实验》（漫画版）

超人气科学漫画书。40 位大科学家的故事，71 个随手就能做的有趣实验，物理学、数学、天文学等门类，锻炼孩子动手、动眼和思考的能力。

《人类的速度》

5 大发展领域，30 余位伟大探索者，从赛场开始了解人类发展进步史，把奥运拼搏精神延伸到生活之中。

《我们的未来》

从小了解未来的孩子更有远见！26 大未来世界酷炫场景，带孩子体验 20 年后的智能生活。